小实验串起科学史（全20册）

从指南针到无线通信

路虹剑 / 编著

化学工业出版社

·北京·

图书在版编目（CIP）数据

小实验串起科学史．从指南针到无线通信／路虹剑编著．—北京：化学工业出版社，2023.10
ISBN 978-7-122-43908-6

Ⅰ．①小…　Ⅱ．①路…　Ⅲ．①科学实验－青少年读物
Ⅳ．①N33-49

中国国家版本馆 CIP 数据核字（2023）第 137351 号

责任编辑：龚　娟　肖　冉　　　　装帧设计：王　婧
责任校对：宋　夏　　　　　　　　插　　画：关　健

出版发行：化学工业出版社（北京市东城区青年湖南街 13 号 邮政编码 100011）
印　　装：盛大（天津）印刷有限公司
710mm × 1000mm　1/16　印张 40　字数 400 千字
2024 年 4 月北京第 1 版第 1 次印刷

购书咨询：010-64518888
售后服务：010-64518899
网　　址：http://www.cip.com.cn
凡购买本书，如有缺损质量问题，本社销售中心负责调换。

定价：360.00 元（全 20 册）

作者序

在小小的实验里挖呀挖呀挖，挖出了一部科学史！

一个个小小的科学实验，好比一颗颗科学的火种，实验里奇妙、有趣的科学现象，能在瞬间激起孩子的好奇心和探索欲。但这些小实验并不是这套书的目的和重点，它们只是书中一连串探索的开始。

先动手做一个在家里就能完成的科学实验，激发孩子的好奇，自然而然地，孩子会问“为什么”，这时候告诉他这个实验的科学原理，是不是比直接灌输科学知识更能让孩子接受呢？

科学原理揭秘了，孩子的思绪就打开了，会继续追问：这是哪位聪明的科学家发现的？他是怎么发现的呢？利用这个科学发现，又有哪些科学发明呢？这些科学发明又有哪些应用呢？这一连串顺

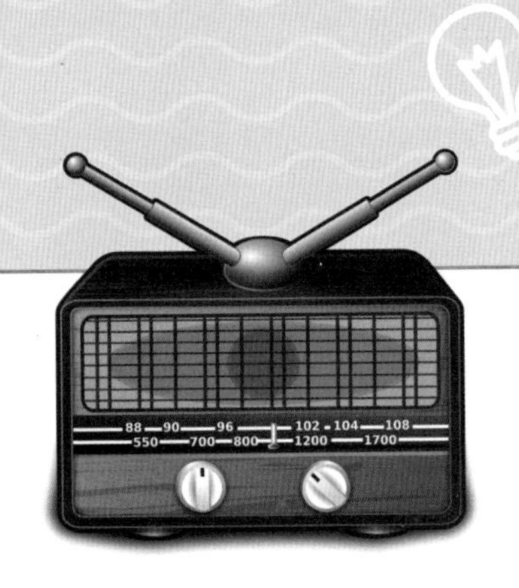

理成章、自然而然的追问，是不是追问出一部小小的科学史？

你看《从惯性原理到人造卫星》这一册，先从一个有趣的硬币实验（实验还配有视频）开始，通过实验，能对经典物理学中的惯性有个直观的了解；紧接着通过生活中的一些常见现象来加深对惯性的理解，在大脑中建立起看得见摸得着的物理学概念。

接下来，更进一步，会走进科学历史的长河，看看是哪位伟大的科学家首先发现了惯性原理；惯性原理又是如何体现在宇宙中星体的运动里的；是谁第一个设计出来人造卫星，这和惯性有着怎样的关系；我国的第一颗人造卫星是什么时候发射升空的……

这套书共有 20 个分册，每一个分册都有一个核心主题，从古代人类文明，到今天的现代科技，内容跨越了几千年的历史，能读到伽利略、牛顿、法拉第、达尔文等超过 50 位伟大科学家的传奇经历，还能了解到火箭、卫星、无线电、抗生素等数十种改变人类进程的伟大发明的故事。

这套书涉及多个学科，可以引导孩子在无数的“问号”中深度思考，培养出科学精神、科学思维、科学素养。

目录

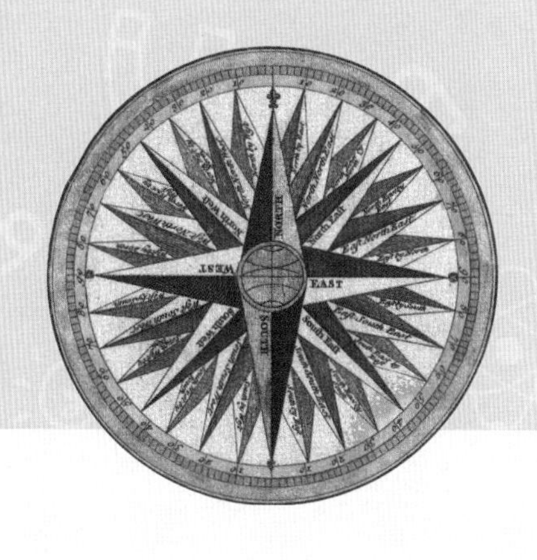

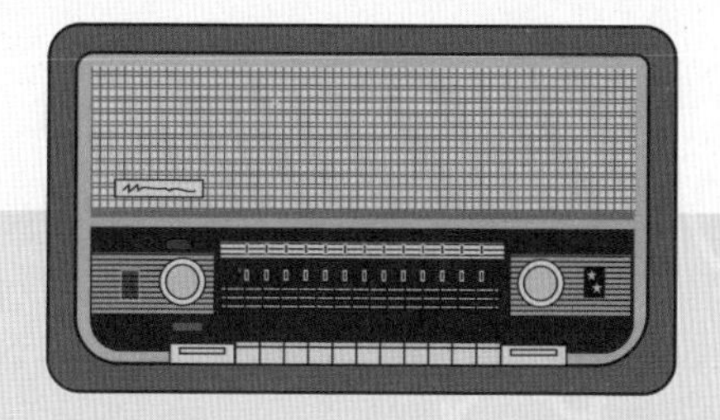

13

无论是广播、电视，还是智能手机，我们生活中的这些应用都离不开无线通信。无线通信是一种以无线电为基础，通过辐射和接收电磁波，实现信号通信的手段。无线通信看不见、摸不着，但却无时无刻不在影响着我们的生活。对此，你可能很好奇，
无线通信是如何发展而来的呢？别着急，
我们先来做个好玩的实验。

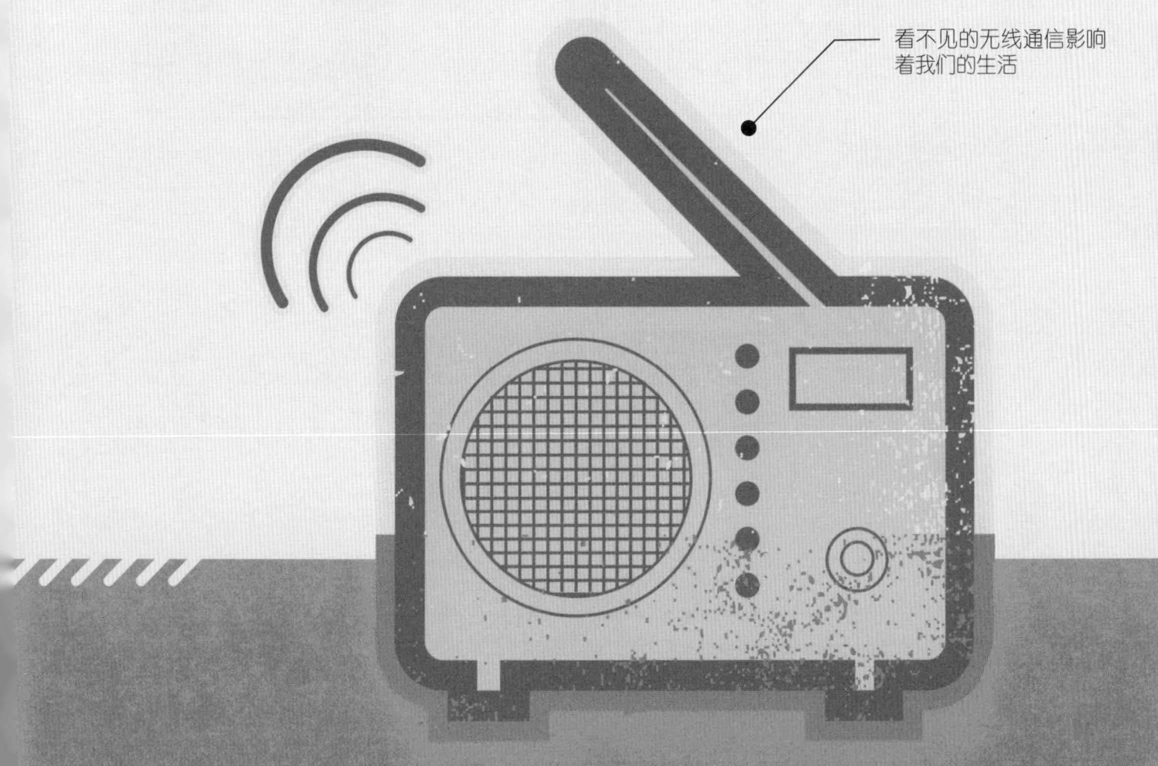
看不见的无线通信影响着我们的生活

小实验：悬浮的铁钉

在介绍电磁学和无线电的发展历史之前，我们先通过实验了解一下磁力。你一定接触过磁铁吧，下面这个实验就和磁铁有关。

实验准备

磁铁、胶带、纸箱、剪刀、细线和铁钉。

扫码看实验

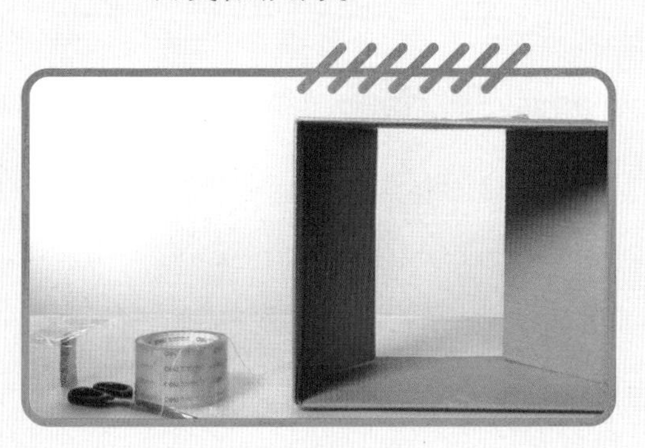

实验步骤

1 把细线缠绕在铁钉上，用胶带固定好。

将磁铁分成两部分，分别固定在纸箱顶面的上下两侧，如图所示。纸箱上面的磁铁用胶带固定。

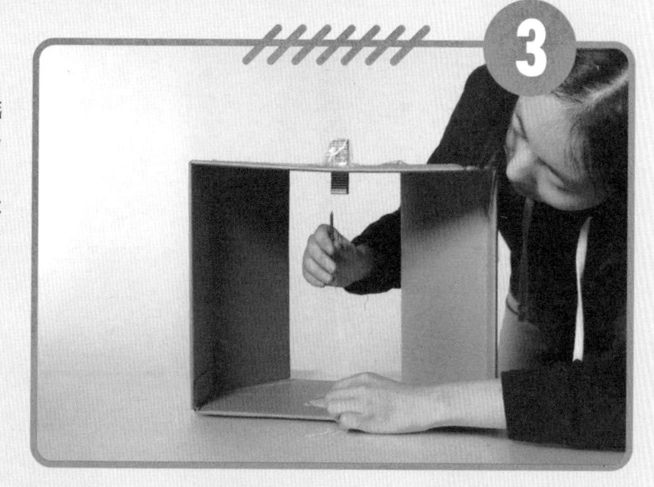

连接铁钉的细线的另一端，用胶带固定在箱子底面。让铁钉靠近磁铁，你看到了什么？

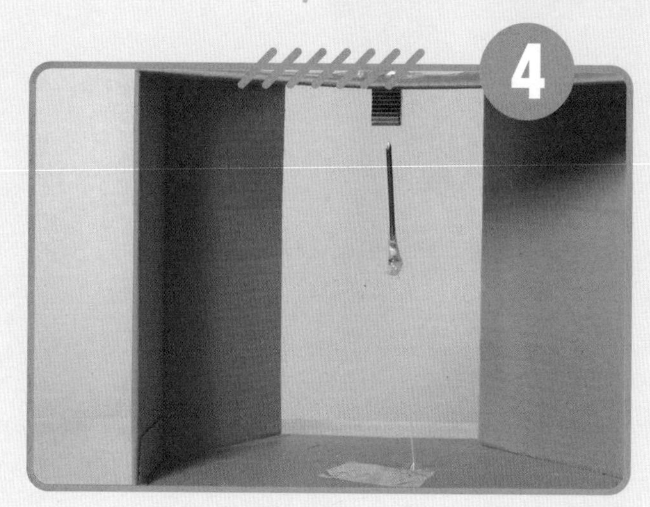

铁钉没有支撑，竟然能在空中悬浮起来，这到底是什么原理呢？

实验背后的科学原理

在这个实验中，我们看到铁钉悬浮在空中。这是因为铁钉受到了上方磁铁的吸引力。尽管铁钉受到下方细线的拉力和自身重力的作用，但当拉力和重力之和等于吸引力时，铁钉便能够悬浮在空中。

磁铁是一种什么物质？

磁铁其实是一种可以吸引金属的磁石，它由铁、钴、镍等具有磁矩的原子组成。磁铁能够产生磁场，具有吸引铁磁性物质如铁、镍、钴等金属的特性。

磁铁的作用很多，例如收音机中的磁铁可以将电信号转化成声音，电动机中的磁铁为线圈的转动提供动力，发电机中的磁铁为线圈提供磁场。

磁铁有南北两个磁极

磁铁对人类的发展有很多的贡献，那么人类是如何发现和应用磁铁的呢？无线通信又是如何发展而来的？让我们接着往下读吧。

磁铁和指南针的发明

磁铁并不是人类发明的，而是一种天然的物质，也被称为磁石。这是一种自然界中天然磁化的石头，它对金属铁有一定的吸引力，所以人们也习惯地称之为“吸铁石”。

古代中国人用磁石发明了磁罗盘

早在春秋战国时期，中国人在探寻铁矿的过程中就发现了磁石。春秋时期军事家管仲在《管子》中最早记载了这些发现：“上有慈石者，其下有铜金。”《山海经》以及其他古籍中也有关于慈石的记载。

磁石的吸铁特性也很早就被古代中国人发现了，在《吕氏春秋》中就有记载：“慈招铁，或引之也。”那时的人称“磁”为“慈”，他们把磁石吸引铁看作慈母对子女的吸引，并根据磁石的特性制作了早期版本的磁罗盘。

磁石通常被磨成勺子的形状，放在一个方形的光滑盘子上。盘子上每个方向都有标记，磁石勺柄总是朝南，因此这种磁罗盘被叫作“司南”。

为何磁铁可以指示方向?

我们将条形磁铁的中点用细线悬挂起来，静止的时候，它的两端会各指向地球南方和北方，指向北方的一端称为指北极或 N 极，指向南方的一端为指南极或 S 极。

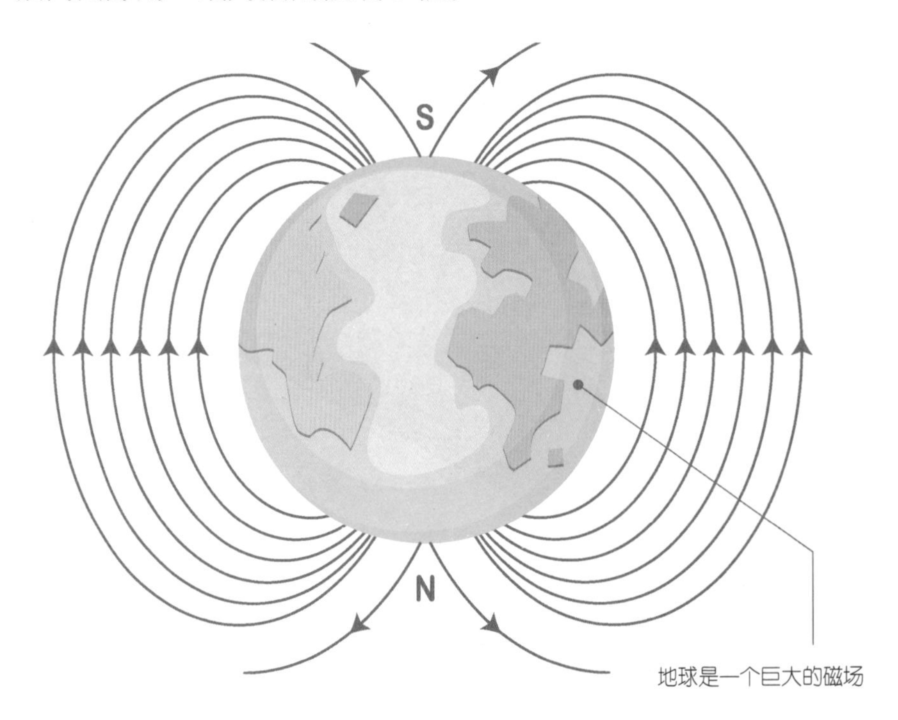

地球是一个巨大的磁场

地球其实是一个巨大的磁场，而地球的地磁北极在地理南极附近，地磁南极则在地理北极附近。磁铁与磁铁之间，同名磁极相排斥、异名磁极相吸引。所以，磁铁就可以根据这种特性指示方向了。

有了“司南”作为基础，古代中国人还发现，用磁石沿一个方向多次摩擦过的钢针等物也有指南的特性，于是在宋代发明了指南针。指南针广泛采用的是水浮法，即把磁化了的铁针穿过灯芯草，浮在水上，根据磁针的转动来指引方向。后来，人们把磁针与方位盘结合在一起，就成了水罗盘。

水罗盘的发明推动了航海事业

指南针和罗盘在航海上的应用可以说是起始于中国。借助指南针，宋朝的海外贸易变得非常繁荣。那时，中国商船的行迹，近至朝鲜半岛、日本，远至阿拉伯半岛和非洲东海岸。关于指南针在航海上的应用，南宋吴自牧所著《梦粱录》中就有记载：“风雨冥晦时，惟凭针盘而行。”

指南针是中国古代“四大发明”之一，也是人类对磁铁早期的重要应用之一。12 世纪左右，指南针传到阿拉伯国家和欧洲，大大地促进了世界航海事业及整个人类社会的发展。在 1405—1433 年，郑和凭借指南针，开始了人类历史上航海的伟大创举。而在 15 世纪末至 16 世纪初，哥伦布、达·伽马、麦哲伦等欧洲航海家，都使用罗盘仪进行了闻名全球的航海。

动物是如何判断方向的?

很多动物，比如某些种类的蚂蚁、鱼和鸟会把太阳当作“指南针”，来帮助它们辨别方向。但有的动物，比如鸽子，能够利用地球自身的磁场做导航。它们的大脑里就像装有一个磁罗盘，能够感知地球的磁场。

磁和电的“交响曲”

磁铁除了用来指引方向，还可以用来做什么呢？从17世纪开始，人们开始了对磁铁的进一步研究，并且逐渐发现了磁和电之间的紧密联系。

首先不得不提到的是威廉·吉尔伯特，他是一位英国科学家，同时也是英国女王伊丽莎白一世的内科医生，他被称为“电和磁之父”。1600年，吉尔伯特出版了著作《磁石论》，这是物理学史上第一部系统阐述磁学的科学专著。甚至连伽利略都称《磁石论》为“伟大到令人妒忌的程度”。

“电和磁之父”吉尔伯特

他最有名的一个实验就是“小地球”。他用一块天然磁石磨制成一个大磁石球，用小铁丝制成小磁针放在磁石球上面，结果发现这根小磁针呈现的所有现象和指南针在地球上的现象十分相似。吉尔伯特把这个大磁石球叫作“小地球”。

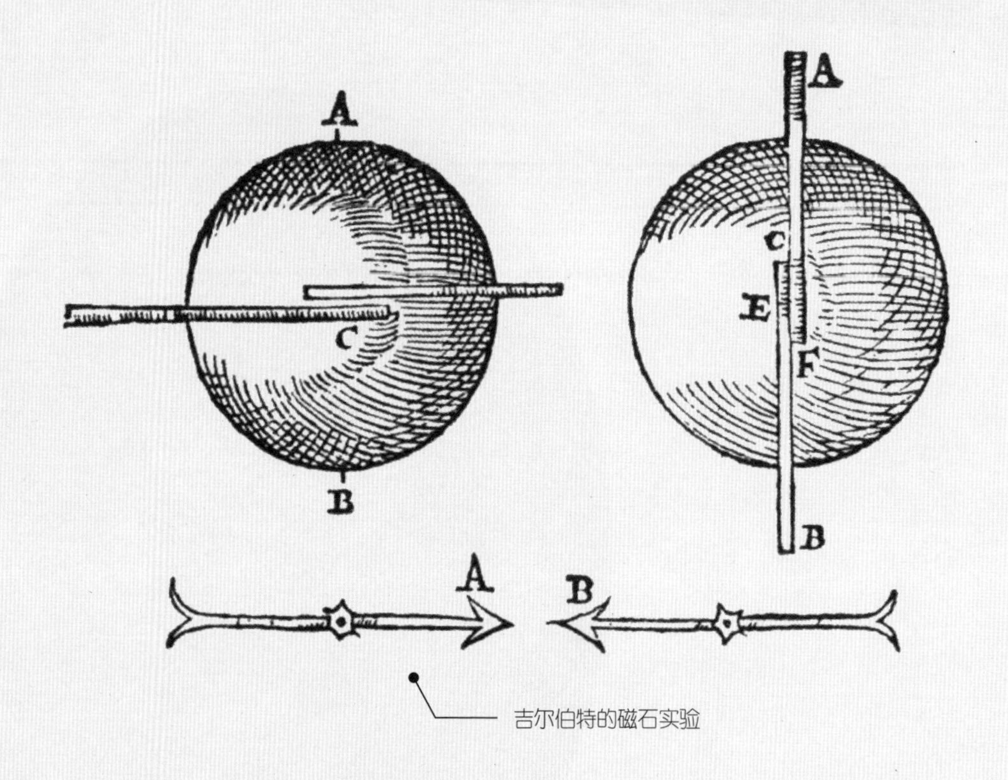

吉尔伯特的磁石实验

由此，吉尔伯特提出一个假设：地球是一个巨大的磁石，它的两极位于地理北极和地理南极附近。

但不幸的是，许多人对他的发现不认可，因为这些从实验观察得到的发现与当时依赖哲学推理的科学传统相违背。

除了磁现象以外，吉尔伯特还是最早研究电的科学家之一，他的很多研究成果为后来科学家们的电磁学研究奠定了基础。

1820 年左右，丹麦科学家汉斯·克里斯蒂安·奥斯特，首次发现了通过电流的电线，使指南针的指针发生了移动的现象。虽然他实际上并没有创造出电磁铁，但他发现了磁铁和电流之间的关系，这为其他科学家进一步研究电磁学奠定了一定的基础。

奥斯特是第一个发现电磁关联的科学家

奥斯特正在向别人展示他的发现

仅仅几年后，英国科学家威廉·斯特金制造出了电磁装置。他将线圈或电线包裹在铁芯上，并通过电流使其产生磁场。这项发明至今仍是电磁技术的基础。他的其他成就还包括发明了电流计，这是一种能够检测和测量电流的机电设备。

约瑟夫·亨利改进了电磁铁

美国科学家约瑟夫·亨利改进了斯特金的电磁铁，将多个线圈包裹在磁芯上，并将它们包裹得更紧，从而产生更强的电磁波。他还尝试在电磁铁的两端接上电池，以提供更强的功率。

到 1833 年，他已经制造出了一个可以吸起 1 吨多重铁块的电磁铁，这个重量比电磁铁本身重得多。亨利的这一发现，为改进发电机打下了基础。

当然，电磁学最伟大的里程碑当属英国科学家迈克尔·法拉第提出的电磁感应定律。

1831 年，法拉第通过实验发现，当一块磁铁穿过一个闭合线路时，线路内就会有电流产生，这个效应叫电磁感应，产生的电流叫感应电流。

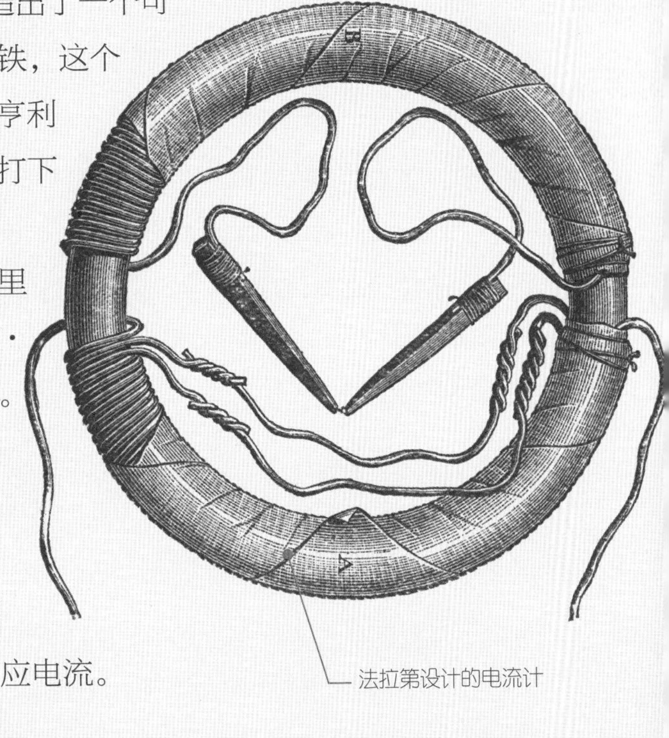

法拉第设计的电流计

受电磁感应启发，同年（1831 年），法拉第发明了圆盘发电机，这是法拉第的另一项重要电发明。这个圆盘发电机，结构虽然简单，却是人类创造出的第一个发电机。而我们现代世界上产生电力的发电机就是从它开始的。

法拉第设计的圆盘发电机

在电磁学的发展历程上，还有一位伟人，他就是英国物理学家詹姆斯·克拉克·麦克斯韦。麦克斯韦从小就展现出极高的智商。1847 年，16 岁的麦克斯韦进入苏格兰最高学府爱丁堡大学学习数学和物理，后转入剑桥大学继续攻读数学。

电磁物理学家麦克斯韦

从剑桥大学毕业后不久，麦克斯韦读到了法拉第的《电学实验研究》，立即被书中新颖的实验和见解所吸引，于是开始研究电磁学。麦克斯韦在前人成就的基础上，对电磁现象做了系统、全面的研究，凭借他高深的数学造诣总结出了一套电磁场的数学表达形式，被后人称为“麦克斯韦方程组”。

麦克斯韦还预言了电磁波的存在，并且认为光速和电磁波的速度几乎一样。于是，他预言光本身就是一种电磁波。麦克斯韦在科学研究为基础上的预测和判断，为后人的研究指引了方向。

人们普遍认为麦克斯韦是在牛顿和爱因斯坦之间最伟大的物理学家。总之没有电磁学的发展，就没有现代电学，更不可能有现代文明。

$$\nabla \cdot \mathbf{E} = \rho$$

$$\nabla \times \mathbf{B} - \frac{1}{c}\frac{\partial \mathbf{E}}{\partial t} = \frac{\mathbf{j}}{c}$$

$$\nabla \cdot \mathbf{B} = 0$$

$$\nabla \times \mathbf{E} + \frac{1}{c}\frac{\partial \mathbf{B}}{\partial t} = 0$$

麦克斯韦的电磁学方程

从电磁波到无线通信

1887 年，德国物理学家海因里希·鲁道夫·赫兹（1857—1894）通过一系列实验，证明了麦克斯韦所预言的电磁波的实际存在，并演示了它们的传播方式、频率和反射等基本特性。

赫兹通过实验证实了麦克斯韦预言的电磁波

赫兹的实验和研究表明，光本身是一种电磁波，在真空中沿着直线传播。赫兹的发现仿佛打开了一扇新的大门，深入了对电磁理论和光的本质的理解。科学家们开始探索：是不是可以通过电磁波来传递信息，这样不就能够实现无线通信了吗？

在 1890—1900 年之间，科学家们开始尝试发展以电磁波为基础的无线电装置。1894 年，俄国电磁波先驱亚历山大·斯捷潘诺维奇·波波夫独立发明了一个无线电接收机，他第一次在接收机上使用了天线。这也是世界上的第一根天线。

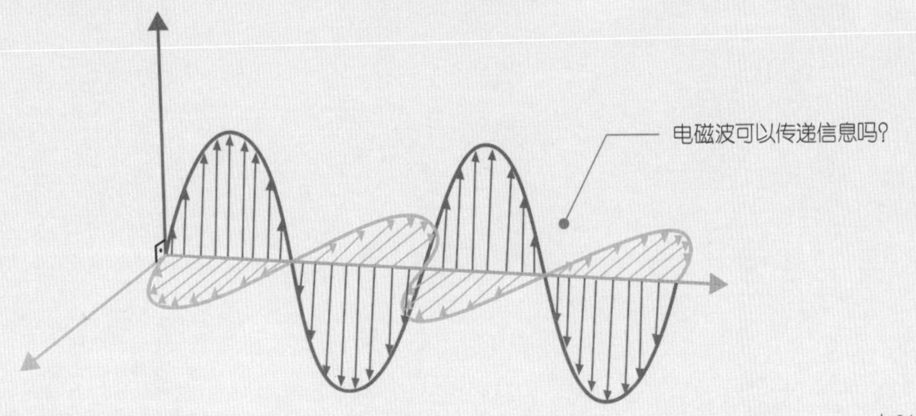
电磁波可以传递信息吗？

真正实现大规模推广无线电通信的人，是意大利科学家、“无线电之父”伽利尔摩·马可尼。1874 年马可尼出生在意大利的博洛尼亚，他的父亲是当地的一位乡绅。马可尼从小并没有在学校中接受过正规教育，他的学习主要是通过家庭教育和自学。他在 17 岁左右开始对电磁学产生兴趣，他一边自学，一边在家中进行实验和发明。

意大利科学家、“无线电之父”马可尼

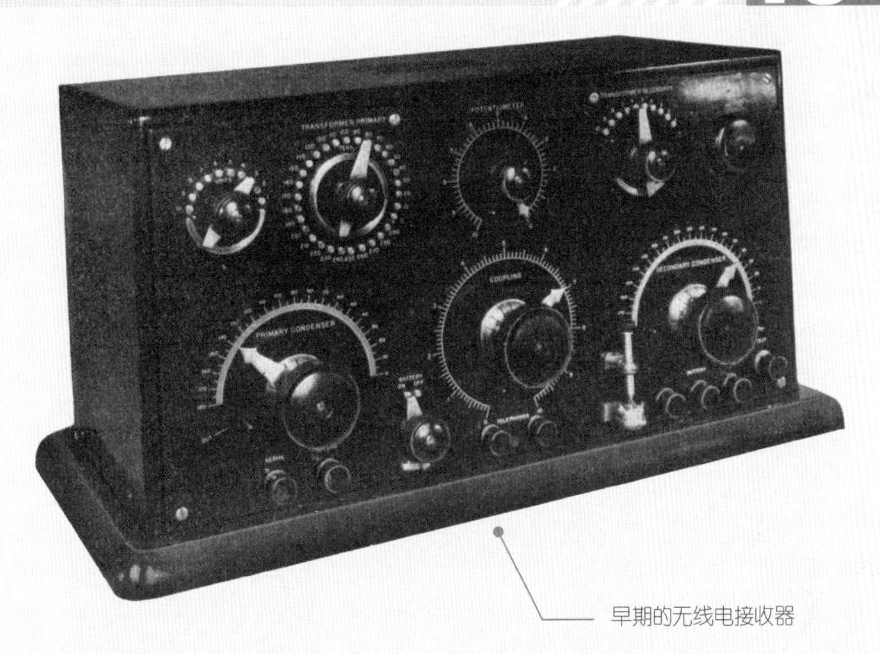

早期的无线电接收器

1895 年马可尼在他父亲的庄园开始了他的无线电报实验，并成功地把无线电信号发送到约 2.4 千米远的地方。他成了世界上第一台实用的无线电报系统的发明者。紧接着，马可尼使用了金属粉屑检波器，并且在发射器和接收器上都安装了天线和地线，大大提高了无线电波的传输效率。在 1896 年时，马可尼携带自己的装置到了英国，不久取得了第一个专利。

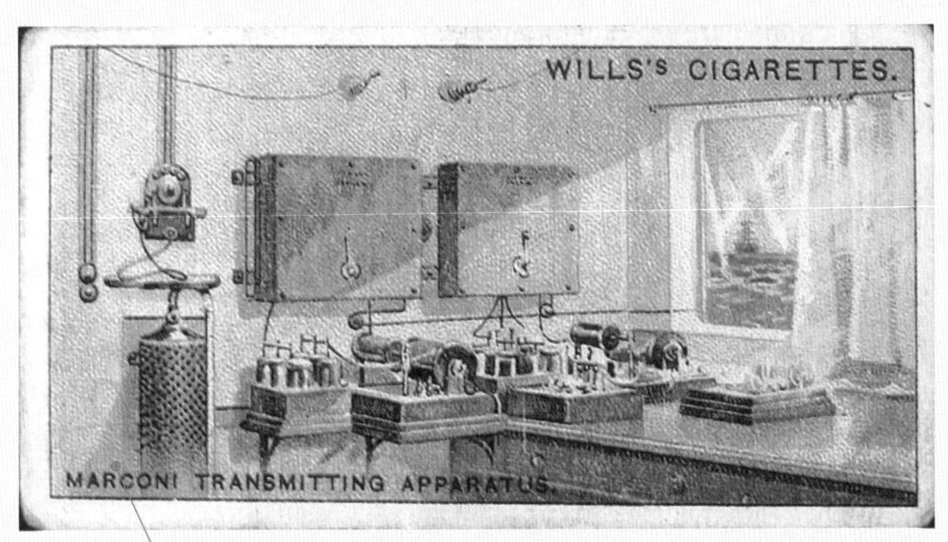

马可尼发明的无线电设备
被印在了宣传卡片上

1897 年，马可尼成功实现了跨越英吉利海峡的无线电通信，并创建了马可尼无线电报有限公司。1901 年，马可尼实现了跨康沃尔郡的波特休和纽芬兰省的圣约翰斯之间的大西洋的无线电通信。随后，他开始在美国寻求发展并拿到了专利，然后开始大规模地发展

无线电通信。

1909 年，凭借在无线电通信方面所做出的贡献，马可尼与布劳恩共同荣获了诺贝尔物理学奖。

建设在英国赫尔斯顿的马尔尼无线电站

泰坦尼克号和无线电报

在无线电发明之前，船只出海之后，就等于和陆地失去了联系，在航行时遇到任何情况，都无法及时通知救援。但无线电发明之后，船只的出航有了更多的保障。

比如在 1912 年震惊世界的“泰坦尼克”号沉船事件中，由于当时这艘巨轮安装有无线电报装置，所以在沉船时，电报员可以通

安装有无线电报装置的泰坦尼克号

知附近的船只前来救援，最终有七百多人成功获救。如果当时没有无线电报，那么后果可能是“全军覆没”。

在“泰坦尼克”号沉船事故之后，人们越发觉得无线电通信的重要性，以至于《泰晤士报》发表了这样的评价：

我们感谢马可尼发明的装置，它使“泰坦尼克”号能够以最快的速度发出求救信号。在这之前，很多船只没有发出任何遇难信号就沉没了。

收到报告赶来救援的船只

雷达是如何进行侦测的?

你听说过雷达吗?雷达就是用无线电的方法发现目标,并测定目标空间位置的一种装置。其实雷达就是利用电磁波探测目标的电子设备。其工作原理是发射电磁波对目标进行照射,雷达天线接收此反射波,送至接收设备进行处理,提取有关该物体至雷达的距离、距离变化率或径向速度、方位、高度等信息。

虽然说各种雷达具体用途和结构不尽相同,但基本构成是一致的,包括发射机、发射天线、接收机、接收天线、显示器,还有电源设备、数据录取设备、抗干扰设备等辅助设备。

雷达最早是用于军事

第二次世界大战期间英国和德国交战时，英国急需一种能探测空中金属物体的技术，以便在反空袭战中帮助搜寻德国飞机。雷达正是在此背景下诞生的。后来随着微电子等科技的进步， 雷达技术不断发展，其内涵和研究内容都在不断地拓展。

现代雷达的分类特别复杂，按雷达信号形式、角跟踪方式、目标测量的参数、雷达频段、天线扫描等可分为许多种类。目前，雷达的探测手段，已经由从前的只有雷达一种探测器进行探测发展到了雷达与其他光学探测手段融合、协作进行探测的水平，极大地提高了人们的探测能力，并应用在社会生活等领域。

手机是如何工作的?

随着无线通信的发展，手机已经成为人们不可或缺的工具。我们可以用手机互相发信息和通话，那么手机之间是怎么建立联系的呢?

原来，世界各地都分布着许多发射站和接收站，正是它们实现了手机的信号连接。借助于基站和手机之间的无线电波交换，手机就可以传播数据和语言等信息了。

那么，什么是基站呢?基站是固定在一个地方的高功率多信道双向无线电波发送机。用手机打电话或者发信息时，手机发出的无线电波信号就会同时由附近的一个基站接收和发送，电话通过基站接入到移动电话网的有线网络中去。

我们的生活已经离不开手机

基站其实就是单部手机无线电波的发射站和接收站。在手机开通之前，必须要买一张有电话号码的电话卡。这张卡里含有一个大规模集成电路，里边存有加密的识别数据。只有将这张卡放进手机之后，手机才可以使用。

手机要实现使用功能除了信号传输之外，还需要本身具备一定的硬件支持，主要的组成部件有扬声器、屏幕、电池、麦克风、主板和天线等。主板中有最重要的芯片，天线是手机信号的发射器和接收器，手机开机后，就会自动搜索最近的、效果最佳的基站，并且自动建立好连接。

手机之间建立联系看上去很简单，其实背后的技术也是很复杂的，特别是无线电的应用。

总之，无线电通信彻底改变了人类信息传播的方式，我们现在生活中所用到的很多电子产品，都是由无线电通信发展而来的。

手机需要基站才能传输信号

我们有理由相信，在未来，电磁学会有更广阔的发展，也能为人类创造出更多有价值的发明。

留给你的思考题

1. 找找看，你的身边有哪些磁铁的应用？相信你的房子里就有。

2. 在探索宇宙的过程中，电磁学也有很多的应用，你能说出哪些？